让孩子看懂世界的动物故事

大怪兽和小虫虫

《让孩子看懂世界》编写组 编著

石油工業出版社

前言

万物有灵且美。那些消失在历史中的史前怪兽，那些微小却重要的小虫子，那些国家珍稀保护动物，那些作为家庭伙伴的小宠物，还有那些生活在天空中、地底下、海洋里的野生动物们，它们的生活，是那么神秘、那么有趣，构成了一个不同于人类社会的世界。

作为一起生活在地球上的伙伴，我们对它们又有多少了解呢？现在，打开这本书，让我们了解一下，这些迷人又可爱的大家伙和小家伙吧！

第1章　史前怪兽

第2章　虫虫博物馆

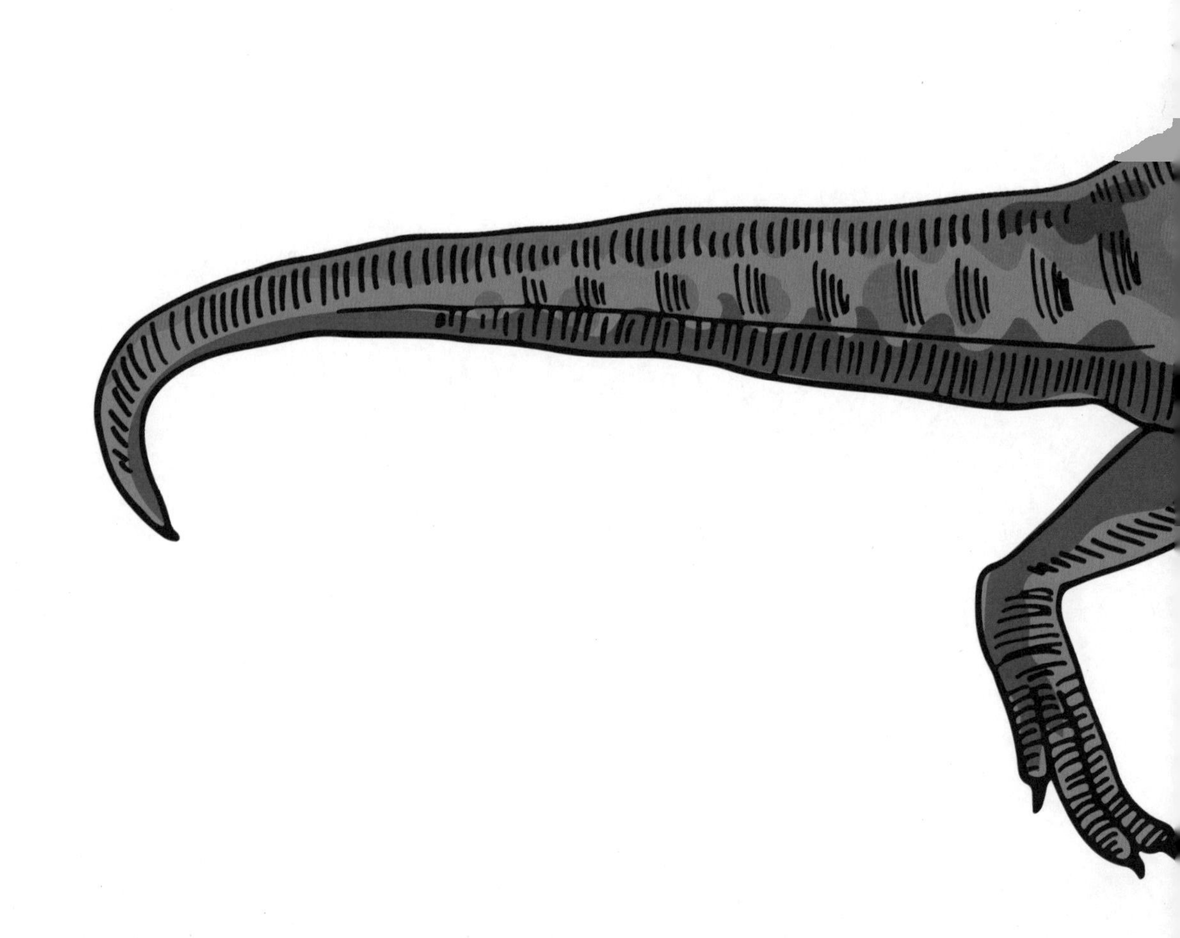

第1章

史前怪兽

生命的起源

你知道，生命经历了怎样神奇又漫长的演化历程吗？

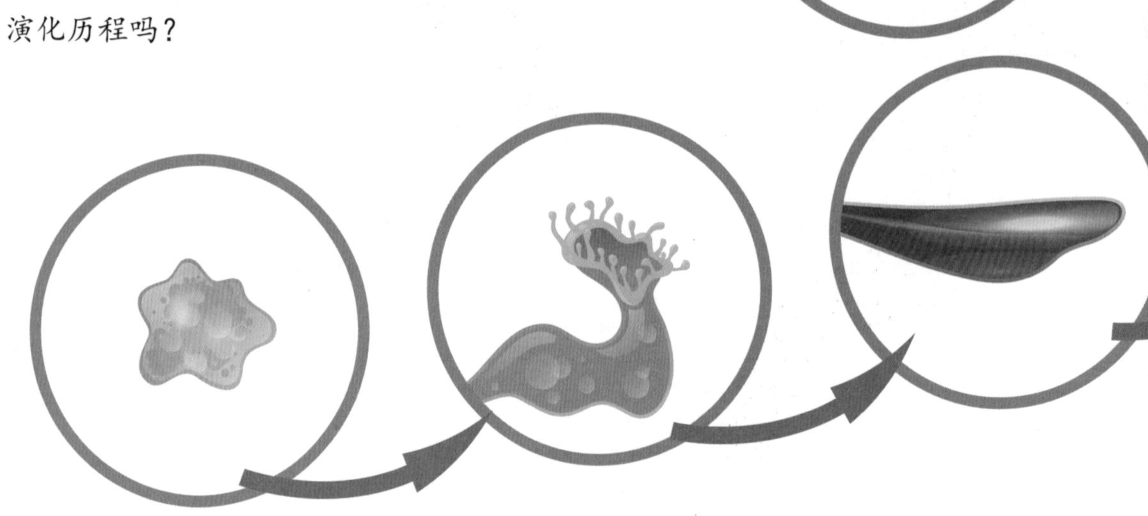

在漫长的演化中，生物的结构由简单到复杂，逐渐演化出了更加适应地球环境的“身体”，为复杂生命形式的出现奠定了基础。

地质年代的演化

想了解地球上生命的发展过程，就不得不提到“地质年代”这个概念。地质年代是什么呢？地质学上，科学家根据生命演化的阶段对地球演化过程进行了划分，地质年代按体系由大到小分别为宙、代、纪、世、期。我们可以通过下页的《地质年代简表》大致了解各地质年代生物发展的阶段。

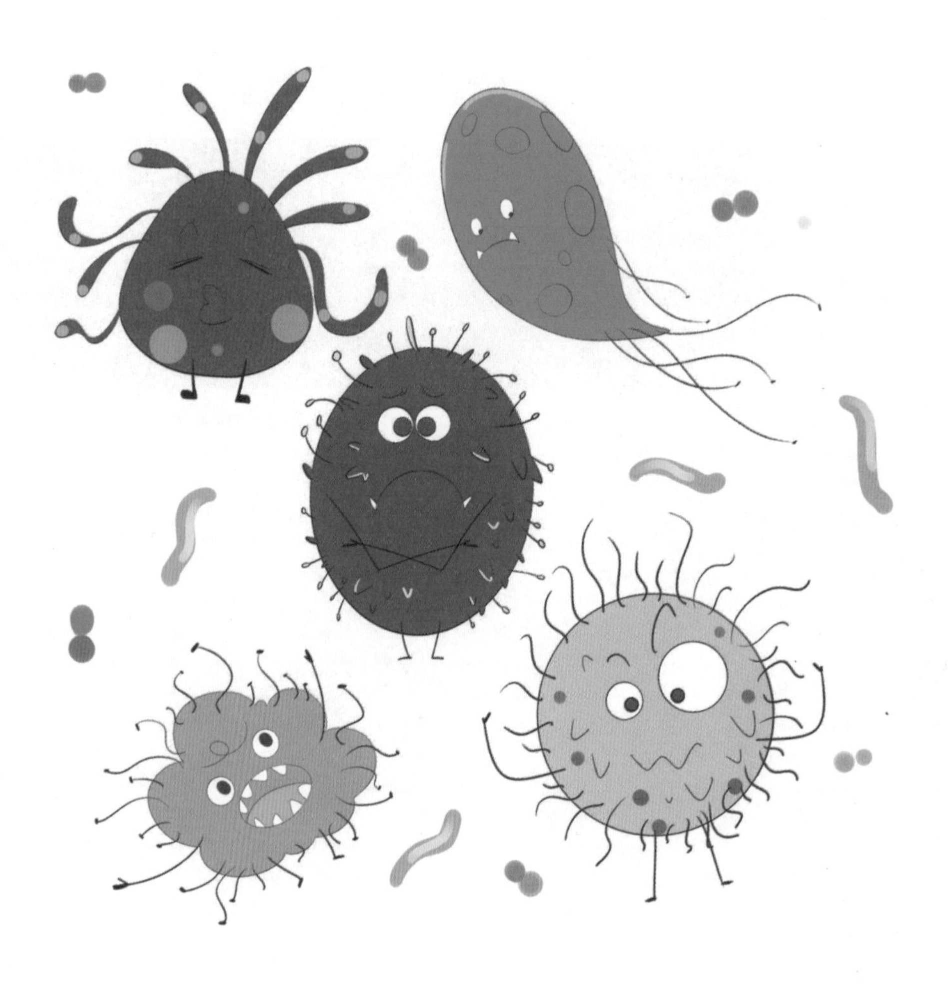

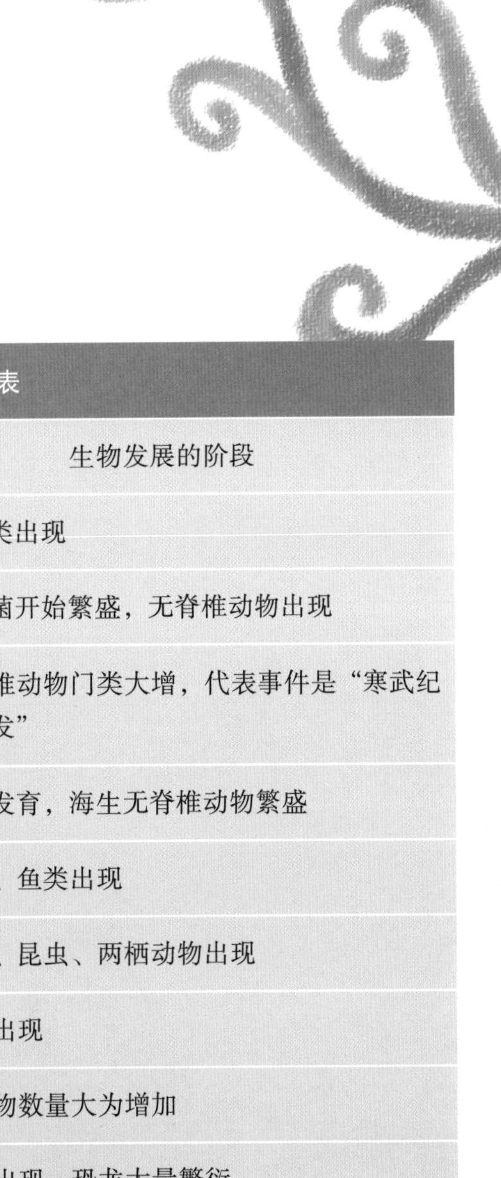

地质年代简表			
宙	代	纪	生物发展的阶段
太古宙			细菌和藻类出现
元古宙			蓝藻和细菌开始繁盛，无脊椎动物出现
显生宙	古生代	寒武纪	海生无脊椎动物门类大增，代表事件是“寒武纪生物大爆发”
		奥陶纪	藻类广泛发育，海生无脊椎动物繁盛
		志留纪	蕨类植物、鱼类出现
		泥盆纪	裸子植物、昆虫、两栖动物出现
		石炭纪	爬行动物出现
		二叠纪	松柏类植物数量大为增加
	中生代	三叠纪	哺乳动物出现，恐龙大量繁衍
		侏罗纪	裸子植物繁盛，鸟类出现
		白垩纪	被子植物大量出现，爬行类动物后期骤减
	新生代	古近纪	被子植物繁盛，哺乳动物迅速繁衍
		新近纪	植物、动物都趋近现代生物
		第四纪	人类出现

生命的历程

地球诞生的时间大约在 46 亿年前，生命诞生的时间在 38 亿至 33.7 亿年前。

生命开始活跃的时间，可以追溯到古生代之前，那是藻类植物的繁盛时期。到了古生代，海洋中变得热闹起来，无脊椎动物有了自己的表演场地，而鱼类不仅在海洋里活动，还开始向陆地上迁移。

后来，爬行动物开始在陆地上崭露头角。大地之上的生灵有了越来越多的生存模式，除了绿色植物，还出现了越来越多活跃的动物。或许是因为不适应陆地生活，或许是因为环境变化，有些动物又回到海洋中。到了中生代，爬行动物中的恐龙成为陆地上的霸主，与此同时，哺乳动物的群体也在逐渐壮大，推动了新生代时期人类出现的历程。

海洋里的怪东西

很久很久以前，地球上就有原始海洋，那里面孕育了我们现在难以想象的奇特生命。

“一身盔甲”的三叶虫

三叶虫，是地球上最早出现的节肢动物。寒武纪时就有了三叶虫的身影，它最终在二叠纪时期灭绝了。之所以叫“三叶虫”，是因为从体貌来看，它的身体呈现出区分明显的三列。

三叶虫穿着一身“盔甲”，保护它的内部不会轻易受到伤害。三叶虫的胸甲由胸节构成。在海洋中觅食或受到敌人攻击的时候，它们能够十分灵活地

将自己的身体蜷曲起来，“盔甲”自然会将它们全身都包裹住，形成全方位的防护。一些三叶虫的“盔甲”上还有尖锐的刺。三叶虫种类繁多，大小不一，成虫体长最小不足 1 厘米，最大可达 70 厘米。70 厘米的三叶虫，与如今的大多数昆虫相比，称得上是“大”怪兽了。

“特别”的软体动物

三叶虫属于节肢动物，是无脊椎动物的一种。无脊椎动物是个大门类，除了节肢动物，还包括棘皮动物、刺胞动物（过去称腔肠动物）、软体动物等。我们主要说说软体动物。

软体动物生活在水中或陆地上，身体较柔软，没有环节，两侧对称，外面通常有钙质硬壳，足是肉质，种类包括腹足类、双壳类、头足类等。

软体动物中的头足纲就是把头当作脚、头脚相连的动物，比如鱿鱼、乌贼等。

在北欧神话里，有一种以大王鱿为原型的怪物，它的名字叫作“北海巨妖”。相传，北海巨妖生活在深海之中，它不会经常浮出水面，平时都在漆黑幽深的海底沉睡。当它浮出海面的时候，只会露出身体的一部分，让人无法看到它的全貌，这就导致一些人将北海巨妖的身体当成了一座小岛。

在侏罗纪到白垩纪时期，有一种形似枪乌贼的生物，名叫“箭石”。它的头部造型就像一支枪管，在“枪管”的底部长着一些触手。根据化石来看，这些触手有十多只，箭石就靠着这些触手在海洋里面游动和捕捉猎物。

长相怪异的大鱼

早古生代时，海洋无脊椎动物群体发展壮大；到了中古生代时，鱼类全面兴起。

鱼类的起源可以追溯到寒武纪初期，早期的鱼类没有颌骨，被称为无颌类。正因为没有可以自由开合的颌骨，这类无颌鱼依靠吸食海水中的藻类、小虫为生，甚至有时候只能依靠水流把食物冲进嘴里。

无颌类又分为甲胄鱼类和圆口类。甲胄鱼类的身体被结实的厚甲包裹，如同“甲胄”，因此得名。不过，甲胄鱼类在泥盆纪末期灭绝了。圆口类的现生物种以七鳃鳗和盲鳗为代表。

颌的出现是鱼类进化中的一次里程碑事件。上下颌的出现改变了鱼类的进食方式，大大提升了其生存优势。

志留纪晚期出现了有颌鱼类，可分为盾皮鱼类、软骨鱼类、棘鱼类、硬骨鱼类等。这些鱼类体形、体长各异，有的体长不足 1 米；有的则是主动的捕食者，如泥盆纪晚期出现的恐鱼体长可达 8 ～ 11 米。和现在常见的鲇鱼、鲤鱼等相比，泥盆纪中晚期登上进化舞台的这些鱼类老祖先们可算得上是大家伙了。

两栖动物：水里地上都是家

夏天雨季，池塘边会出现一些青蛙或者蟾蜍，这就是我们最常看见的两栖动物。两栖动物是脊椎动物从水栖到陆栖的过渡类型，既能在水里生活，也可以在陆地上生存。它们长有四肢，幼体用鳃呼吸，成体可以用肺部和有黏液的皮肤呼吸。

两栖动物也有久远的历史。在原始两栖动物中，有一种鱼头螈，它的存在时间可以追溯到石炭纪。鱼头螈的脑袋还有一些鱼的样子，尾巴也带着鱼的形状，身上覆盖着一层细细的鳞片。从鱼头螈的身上，我们可以看到物种演化的痕迹。

你可以在脑海中想象一下——一条鱼在水中欢快地游玩，然后，它慢慢地长出了柔软的四肢，开始依靠四肢爬上陆地，它的鳞片逐渐变得更加细小，尾鳍也变成了尾巴的样子。我们很快就能想象出这个过程，但在生命演化中，这需要经过十分漫长的时间。

从两栖动物的身上，我们既感受到了历史延续的痕迹，也感受到了物种演变的奇迹。

侏罗纪恐龙

恐龙可以说是横跨中生代的生物，不过在中生代的三叠纪时期，恐龙的种类还比较有限，只有一些基础的类型。到了三叠纪晚期，恐龙的种类才开始增加，之后在侏罗纪、白垩纪时期，恐龙逐渐繁盛。

剑龙：身背巨剑的大家伙

在侏罗纪，有一种看上去十分凶猛的恐龙，它的背上是“三角刀”的结构，远远看去像是插上了尖利的玻璃碎片的防护墙，而顺着它的背脊朝尾巴看去，那里还有极具震慑力的尾刺。

这种恐龙名叫“剑龙”，它背上的三角刀是一种骨质板，它的尾巴上有4根尾刺，这些“装备”仿佛在宣告：“我不好惹！”剑龙的外形充满了攻击性，尤其是它的尾刺，对一些小型动物来说非常有杀伤力。

你可以想象一下，自己正站在一个面积50平方米的房间里，这个房间长12米、高7米（我们住的房屋通常高2.4～2.8米，一些复式公寓的总高可以达到5.6～6米），这时朝天花板看去，你就知道，当年的剑龙对于人类来说是多么巨大的一种生物，称得上是一座“小山”了。

这座移动的“小山”行走在侏罗纪世界里，看上去像是一个易怒的家伙。不过，剑龙其实是一种食草动物。通常，它会拖着那沉重且庞大的身体，慢慢地走进灌木丛里，或者是植物茂盛的地方，采食一些鲜嫩可口的植物。

如果没有敌人来袭击的话，它就会用上很长一段时间来“吃饭”，补充自己身体所需的能量。但是，一旦发现附近有敌人靠近的迹象，它就会进入戒备状态。面对敌人的时候，它会挥舞自己的尾刺，用钉子一样的尾刺发起攻击。

卡氏梁龙：恐龙中的“长颈鹿”

恐龙形体各异，有剑龙这样背板大的，也有脖子特别长的。

1899 年，美国怀俄明州挖掘出了一副巨大的恐龙骨架，它被命名为“卡氏梁龙”。梁龙相对其他恐龙来说，有一个十分明显的特征，就是它那长长的脖子。

有人猜测梁龙也许可以生活在水中，它会走进湖泊之中，让身体浸泡在水里，它既能吃水中的鱼虾，也能吃陆地上的植物嫩枝叶，是一种杂食性动物。之所以有这样的猜测，是因为梁龙有一个很有意思的特点，它就像现在生活在水中的鲸豚类一样，呼吸器长在头顶，也就是鼻孔高过眼睛。

马门溪龙：缓慢的巨兽

在侏罗纪时代，还有一种和梁龙一样脖子长长的恐龙，这种恐龙据说光是脖子就长达 11 ～ 14 米。

1952 年，四川宜宾马鸣溪正在修建公路，在修建现场挖掘出了恐龙骨架，由于口音问题这种恐龙在 1954 年被命名为“马门溪龙”，又因为发现于建设工地，按双名法规定，叫作“建设马门溪龙”。1957 年，在重庆合川又

发现了一副类似的恐龙骨架，被称为“合川马门溪龙”。

马门溪龙和梁龙一样，是个身形修长的高个子，但是，马门溪龙的身高、体重更有威慑力，成年马门溪龙全长能够达到 22 米。马门溪龙的脖子和尾巴特别细长，尤其是脑袋相对于身体来说简直太小了，不过，它的身体和四肢相对比较粗壮。这样的身体结构，打个比方的话，就像是一根细长的筷子架在了酒杯上，给人一种脚重头轻的感觉。

有人猜测马门溪龙是生活在水中，因此有足够的水和食物供它饮食，水中的浮力也能让它笨重的身躯比较轻松地移动。

侏罗纪时代的恐龙们自然不止这些，还有其他很多种类，比如体形小巧灵活的嗜鸟龙，身材敦实厚重的圆顶龙，长着像伞一样头冠的双嵴龙……这些恐龙生存、繁衍，生生不息，成为那个时代的“世界霸主”。

白垩纪恐龙

侏罗纪之后是白垩纪，时间跨度是从 1.42 亿年前到 6550 万年前。这个时代最重大的事件，或许就是恐龙们从鼎盛走向了衰亡。白垩纪早期和中期，爬行动物无论在海洋还是在陆地，都占据了有利的地位。海洋中的鱼类主要是真骨鱼类，而陆地上的哺乳动物也开始了自身的发展。

恐龙的灭亡

关于恐龙的灭亡，普遍的观点认为是陨石撞击地球导致的后果。在白垩纪晚期，一颗直径至少 10 千米的小行星撞击地球，在撞击点形成了一个直径 150 千米以上的陨石坑。撞击导致的爆炸产生了极高的温度，附近很多地方直接燃烧了起来。燃烧产生的大量烟尘存在于大气的平流层中，阻挡了太阳的光照，地球温度随之降低。地表温度的改变直接影响着动物和植物的生存境况，很多植物减缓生长甚至直接死亡，进而导致食草恐龙的死亡，食肉恐龙因为没有食物也灭绝了。

还有一种猜测是火山大爆发导致了恐龙灭亡。有专家认为，白垩纪末期，在地球上发生了一次十分严重的火山群爆发，这导致了恐龙的灭绝。但是，恐龙并不完全是死于岩浆，还可能死于火山爆发之后的生态环境变化。火山爆发后产生了大量的火山灰、硫酸盐、二氧化碳等，这些物质散布在大气中，阻挡了阳光。和陨石撞击导致的结果一样，大量的火山灰等在很长一段时间里引起了地球降温、光合作用减弱等。在一系列连锁反应的作用下，恐龙灭绝了。

除了上面两个比较常见的猜测，还有一些其他假说，比如物竞天择说，即这就是正常的物种演化；还有大陆板块漂移导致地壳运动和环境变复杂；等等。

名副其实的“霸王”龙

在美国电影《侏罗纪公园》中，出现了一种令人十分恐惧的恐龙——霸王龙。它主要生活在白垩纪，长着尖锐的牙齿，还有一双十分狠戾的眼睛；它的爪子十分锋利，虽然前肢比较短小，但是后肢发达，还能利用自己粗大的尾巴来平衡身体。霸王龙是一种十分可怕的肉食动物，在捕杀猎物的时候，无论是直接撕咬，还是用脚踩，它都会对猎物造成非常大的伤害。在恐龙世界中，霸王龙是名副其实的“霸王”。

长着羽毛的尾羽龙

当我们提到恐龙的时候，一般想到的都是它们在陆地上行走坐卧的样子，食草性恐龙或许正在仰头吃着树顶的嫩叶，食肉性恐龙或许在相互搏杀……不过，你能想象长着羽毛的恐龙吗？

有一种恐龙叫作“尾羽龙”，顾名思义，就是尾巴上长着羽毛的恐龙。不过，这种恐龙其实不仅尾巴上长着羽毛，身上、爪子附近也有羽毛。

尾羽龙的身体特征、生活习性和现在的鸟类相似。除去身上长了羽毛这一点，在尾羽龙的胃部还发现了一些小石头，现代鸟类的胃里也能发现这样的小石头，它们被称为“胃石”，是用来磨碎和消化胃里的食物的。而且，在尾羽龙之中还存在一些有孵蛋行为的种族，这也和现在的鸟类相似。

高智商的伤齿龙

无论是在侏罗纪，还是在白垩纪，相对于充满力量且庞大的身体，恐龙的脑袋显得很小。脑袋的大小和脑容量有关，这就涉及生物智慧的问题。

在众多恐龙中，有一种名为“伤齿龙”的恐龙，它的头形和体形保持了一个相对均衡的结构，从头身比例来说，它在恐龙家族中拥有一颗“最大”的脑袋。

长着一个大脑袋，这意味着什么呢？意味着伤齿龙可能比其他种类的恐龙拥有更大的脑容量，也就是说，伤齿龙更加聪明。研究认为，伤齿龙已经拥有了思考并解决问题的能力，比如伤齿龙产卵的时候会选择柔软湿润的地方，方便将恐龙蛋固定住，有一些伤齿龙甚至会自己刨坑产卵。

有一种“恐龙人”假说，认为如果没有恐龙大灭绝这个意外的话，会有一部分恐龙在演化过程中逐渐拥有智慧，成为一种替代人类的存在，称为“恐龙人”。

白垩纪时期还有很多品种的恐龙，以及很多关于恐龙的故事。恐龙作为曾经的地球霸主，即便它的身影已经消失很久了，依然留给人类一个又一个幻想。

史前巨兽

旧物种灭亡，新物种诞生，恐龙消失之后，地球上的生命继续着它们的演化之旅。

凶猛的剑齿虎

第四纪的冰川时期，在一片草原上，有一只长着巨大长角的动物正在慢慢地走着，它低头吃了一会儿草，不时警觉地抬头朝四周看去，眼神中透露出担忧和警惕。

即便如此小心翼翼，它也猜不到，就在离它不远的地方，已经有一头猛兽盯上了它。

那是一头剑齿虎，长长的獠牙从它嘴里冒了出来，就像两把短剑。它盯着不远处的猎物，尽量让自己的身体贴伏在地面上，将附近的野草作为自己的遮蔽物。它放慢自己的动作，每一步都悄无声息，就这样慢慢地向猎物靠近。

等到与猎物的距离已经合适的时候，剑齿虎就像离弦的箭一样冲向猎物。没过多久，剑齿虎就追上了自己的猎物，它一口咬在对方的脖子上，尖锐的牙齿就像两把匕首一样插入了猎物的身体。它咬住了猎物的要害，大力地撕咬和甩动，猎物因为伤口加大加深而失血，逐渐失去了挣扎的力气。

这就是剑齿虎捕杀猎物时的场景。它用那对长达 20 厘米的武器——獠牙，杀掉了猎物。

不过，约公元前 1 万年，剑齿虎便灭亡了。

冰河巨象——猛犸象

史前时期，和剑齿虎一样战斗力强大的动物还有猛犸象。

猛犸象，外形类似现在的大象，但是，它们的獠牙更加巨大而尖锐，同时身上有一层厚厚的长毛，所以又叫“长毛象”。猛犸象和现在的大象一样，过着集体生活，如果有落单的猛犸象，那很可能是因为老弱病残而离群。

猛犸象生活在冰河时期，它们的体貌特征十分适合寒冷气候——那些浓密的长毛，以及长毛遮盖的皮肉下厚重的脂肪层，都让它们能够在冰川时期中生存下来。

关于猛犸象的消亡，有一种说法是和当时人类的猎杀有关。从出土的文物来看，当时的人类已经能够使用相对精良的武器来捕猎。有时候原始人类猎杀猛犸象并不单纯是因为饥饿，而是为了完成某种仪式。

当然，地球上的巨兽不止剑齿虎和猛犸象，还有古巨猪、帝鳄、板齿犀，等等。相对于现在它们的同类来说，远古时期的它们无论在体形还是攻击力方面都更有威慑力。但是，这些巨兽都已经被淹没在历史的尘埃之中了。如果你还想了解更多，那就到博物馆中、到古生物书籍中，根据远古怪兽留下的化石证据，去想象它们的生活，想象人类早期乃至人类出现以前、奇妙的远古时代。

第 2 章

虫虫博物馆

奇妙的蜜蜂世界

爱因斯坦有一句著名的预言："如果蜜蜂从地球上消失，人类将只能存活四年。"这个预言也许有些夸张，但它说明：蜜蜂在生态系统中的价值是不可估量的。

授粉专家小蜜蜂

我们都知道，植物的生长有一个十分重要的阶段，那就是授粉。什么是授粉呢？植物的繁育过程主要是发芽、生长、开花、结果……我们有时候看一朵花，会看到花蕊上有一些黄色的粉末，这些粉末叫作"花粉"，当花粉黏在同类植物的雌蕊上，才会有之后种子的生长，这样的过程被称为"授粉"。

授粉需要“媒介”。植物授粉的媒介主要有两个，一个是风，一个是昆虫，比如蜜蜂。风媒授粉，就是指风吹过时会带动花粉从雄蕊飘到雌蕊上，这样就完成了授粉过程。蜜蜂授粉，就是当它采蜜的时候，花粉会黏在它的身上，这样，蜜蜂在不同的花之间穿梭的时候，花粉就有一定概率粘在雌蕊上，从而完成授粉。

花蕊：花的构成部分，分雌蕊和雄蕊，一般雌蕊位于中央位置，雄蕊围绕着雌蕊生长并产生花粉。雌蕊的柱头有黏液可以粘住花粉，花粉落到雌蕊的柱头上之后，会穿过雌蕊到达子房与卵子结合，然后发育形成种子。

《昆虫记》里的蜂

法国昆虫学家法布尔对蜜蜂很感兴趣，喜欢观察这些小东西在自然状态下到底是如何生活的。

在《昆虫记》中，他绘声绘色地描述了泥蜂的观察故事。这个蜂群是一个非常勤劳、不做无意义事情的群体，它们总是把时间放在最重要的事情上。

当泥蜂确定这洞穴很合适，门足够宽，可以把一只体形庞大的猎物运进去后，它便去寻找猎物，而且很容易地找到了。这是一只幼虫，躺在地上，身上已经爬满了蚂蚁。这条爬满蚂蚁的虫，狩猎者根本不想要。许多狩猎的膜翅目昆虫为了把住宅修整完善，或者刚开始做窝时，总是暂时把猎物丢在一旁。不过它们是把猎物放在高处，放在草丛上，不让它被别人抢走。泥蜂精通这种谨慎的做法，

可是也许其忽略了预防措施，或者是因为这沉重的猎物在搬运中掉了下来，结果如今蚂蚁在争先恐后地拉扯这丰盛的食物。要想把这些强盗赶走是不可能的，赶走一只，又有十只来进攻。泥蜂也许就是这样判断的，看到猎物被侵占后，它又重新去捕猎，没有任何争斗，因为争斗是毫无用处的。

当地还有一种黑胡蜂，和泥蜂不同的是，这种蜂的性格更加残忍，表现出更强的野性。

在我们地区有两类黑胡蜂：最大的叫阿美德黑胡蜂，约 1 法寸（1 法寸≈27 厘米）长；另一种叫点形黑胡蜂，只有前者的一半大。这两类形状和颜色相似的黑胡蜂拥有同样的建筑才能；它们的建筑物高度完美，它们的窝是个杰作，令初学者叹为观止。但是，黑胡蜂干的是不利于艺术的征战职业，它们用螫针蜇刺猎物，强取豪夺。它们是凶残的膜翅目昆虫，用别的昆虫的幼虫喂养它们的幼虫。把它们的习性跟对黄地老虎幼虫动手的毛刺泥蜂进行比较，可能会很有意思。虽然两者的猎物都一样，都是幼虫，但种类不同，本能表现各异……

接着，法布尔又去观察石蜂。法布尔对石蜂的喜爱溢于言表，亲昵地管它们叫“我的蜂儿”，他说它们是“温和”的、“没有恶意”的。

我必须指出，危险是不存在的，我的蜂儿是无害的，只要不被抓到，它就不会蜇人。在一个土巢脾上，那些泥瓦匠黑压压一片正在工作，我把脸凑上去，几乎都要碰到土了，我把手指在蜂群中伸进伸出，又把几只石蜂放在手掌上，站在旋转的蜂群最密集的地方，可我从来没有被刺过，我早就知道它们性格温和。

昆虫界的艺术家

我们想象一下这个场景：几只蜜蜂从蜂巢里飞出来，它们的工作就是寻找食物。飞了不到 100 米的时候，有一只蜜蜂发现了一个开满鲜花的地方，然后它飞回了蜂巢。回到家以后，它是如何传达这个信息的呢？

它开始跳舞了！它震动着翅膀，一上一下地在空中飞着，身体还在空中画着“∞”，它的身上带着蜜香。不一会儿，越来越多的蜜蜂聚集了起来，大家一起飞向了先行者带路的方向。

除了会跳舞，蜜蜂还是天生的建筑大师。蜜蜂居住的地方被称为蜂巢，而蜂巢内部被称为蜂房。蜂巢是严格的六角

柱形体，所有的六角柱形体的结构几乎没有误差。蜂巢的整体结构，使它既能够形成一个十分稳定坚固的空间，同时也最节省材料，没有多余的构造，没有累赘的空间设计。蜜蜂，堪称生物建筑师中的典范。

蜜蜂王国

蜜蜂是一种群体性动物，它们以蜂群的形式存在，在蜜蜂王国里有三类蜂。

第一类是蜂后。蜂后主要负责产卵，它也是唯一具有产卵功能的蜂。蜂后的身材比其他蜂都要壮硕，它的寿命也比一般的蜜蜂要长；它的食物是蜂王浆。

第二类是雄蜂。雄蜂的职责就是配合蜂后产卵。

第三类是工蜂。蜂群中最勤劳或者说最劳累的是工蜂。工蜂最主要的职责就是工作！和人类社会一样，这些工蜂也各有分工。

第一种工蜂是采蜜蜂。顾名思义，这群工蜂负责的就是采蜜。采蜜蜂会派出先遣队，让它去侦察情况，先遣队找到蜜源后再回来告诉其他的工蜂。

第二种工蜂是筑巢蜂。蜂巢是蜜蜂的家，而修建这个家的就是筑巢蜂。它们把蜂巢修好后，还要负责扩建或者维修。蜂巢是以蜂蜡为“建筑材料”的，这些蜂蜡是由筑巢蜂腹部的蜡腺分泌出来的。

第三种工蜂是保育蜂。它们的主要职责是照顾蜂后产下的卵，也就是蜂群里的“育儿师”。

蜜蜂的武器

为什么有人会害怕蜜蜂？他们的回答是“蜜蜂会蜇人”。确实，在蜜蜂的屁股底下有一根“刺”，这根刺被称为“螯刺”，它的另一头连接着毒腺，一旦人类被这根刺蜇了，就有可能产生痛感甚至伤口发炎。但是，蜇人的蜜蜂本身也需要付出巨大的代价。因为这根刺上长满倒刺，还连接着蜜蜂本身的一部分内脏。当它们蜇人之后，这根刺通常就留在人的皮肤里，而蜜蜂的一部分内脏也被连带着拔出，这样，蜜蜂也就死亡了。

古希腊《伊索寓言》中有一个关于蜜蜂的故事。

一只蜂后来到众神之王朱庇特的所在地，它用最新鲜美味的蜂蜜供奉着这位神灵。朱庇特很喜欢这只蜂后的供品，于是，他随口问了蜂后一句：你有什么愿望，我一定帮你实现！蜂后于是开口说道，人类会偷蜂蜜，请给我们一根可以蜇人的刺，让我们守护自己的蜂蜜不被这些“贼人”偷走。朱庇特一听就开始发愁了，因为他很喜欢人类，如果蜜蜂能轻易伤害人类，这会让他很犯难。但是，他已

经答应了，就只能兑现承诺。最终，朱庇特还是让蜜蜂拥有了可以蜇人的刺，但是，它们需要付出代价，就是这些刺一辈子只能用一次，它们蜇人的时候，也就是它们死亡来临的日子。

蜂蜜从哪里来

中国唐朝有一位诗人，名叫罗隐，他写下了一首诗《蜂》，赞美的就是蜜蜂的辛勤。

不论平地与山尖，无限风光尽被占。
采得百花成蜜后，为谁辛苦为谁甜。

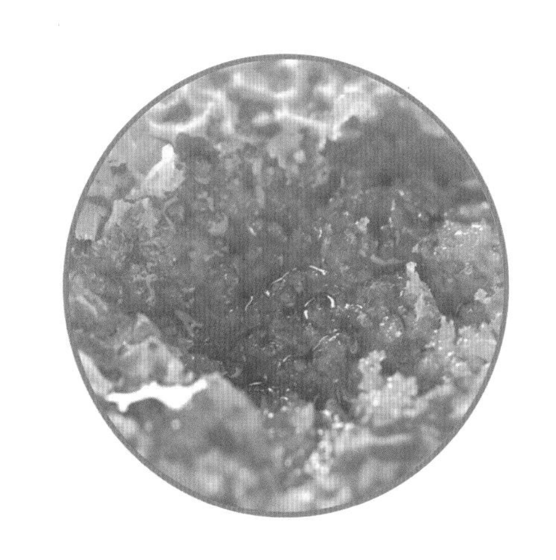

蜂蜜，就是蜜蜂采花蜜之后“酿制”出来的东西。蜜蜂在花朵之间穿梭，吸取花蜜，然后将花蜜储存在自己的胃里。花蜜会在蜜蜂的身体里发生各种变化，之后蜜蜂会将这些花蜜“吐”到蜂巢里面，再经过一段时间的反应，浓稠的蜂蜜就产生了。

穿着“盔甲”的昆虫——甲壳虫

在户外，我们有时候会看到一种小虫子，它有着红色的身体，上面带有黑色的圆形斑点。这就是七星瓢虫。

如果我们去抚摸七星瓢虫的背部，会发现它的身体好像穿着一层“盔甲”，这样的昆虫叫作甲虫，甲虫是鞘翅目昆虫的统称，身体外部有硬壳，前翅是角质，后翅是膜质。

对粪球情有独钟的蜣螂

在古埃及，圣甲虫成了一种图腾。圣甲虫其实就是蜣螂，俗称屎壳郎。

对蜣螂来说，富含氮等物质的粪便既是一种“珍馐美味”，也是雌蜣螂产卵的“美好家园”。大多数蜣螂对待粪便的策略有两种，一种是“滚粪球”，一种是“挖隧道”。

滚粪球就是蜣螂将粪便切出一小块，推成球形后在地面上滚动着运输。挖隧道则是蜣螂飞向粪堆后马上开始挖一条隧道，它们会将条形的粪便拖向隧道并搬运走，这种更隐秘的方式可以帮助它们避开其他竞争对手。

古埃及人认为人死之后的世界也非常重要，因此，古埃及的法老们修建金字塔作为自己的陵墓，法老死后也会被做成木乃伊。

有一些木乃伊的胸口、喉咙、心脏等部位，会放上圣甲虫，据说这是因为古埃及人希望死者的灵魂能够安全进入亡灵世界。

圣甲虫在古埃及人的生活中还扮演着护身符的角色。比如，古埃及人有各种各样圣甲虫造型的饰品，如戒指、手链、臂环、项链，等等。很多圣甲虫饰品是用昂贵的材料制作，如黄金打造的指环，指环上装饰着青金石雕刻而成的精巧的圣甲虫，其他地方则装饰着绿松石、玛瑙等宝石。

会“假死”的金龟子

说到甲虫队伍里的“美人”，那就要属金龟子了。因为金龟子的身体带有金属光泽，在阳光下显得流光溢彩。金龟子的成虫一般是扁圆狭长的体形，体壳坚硬且光滑。

但是，和成虫坚硬、五彩斑斓的外甲不同的是，金龟子的幼虫有着乳白色的身体而且柔软、肥大。所以，金龟子的幼虫又被叫作“白土蚕”，学名蛴螬。

不同种类的金龟子有不同的习性，有些种类会出现“假死”现象：当它们遭遇敌人捕捉或者受到惊吓的时候，经常会装死，身体或蜷缩起来静止不动，或僵直地坠落地面，之后趁敌人不备或环境安全后再忽然飞起逃离。这其实是昆虫面对危险时的一种防御机制。

19 世纪的英国，一些贵妇人喜欢给自己的长裙添上独特的装饰。当时女性穿的裙子虽然不及 18 世纪洛可可时代那样繁复华丽，但裙子的造型、花边、蕾丝依然十分精致。有时候为了让裙子看上去更加美丽，有的人还会装饰一些独特的“珠宝”。比如，点缀在裙子上的是一个又一个的甲虫翅膀——眼睛形状的昆虫翅膀被巧妙地装点在裙子上。这些甲虫翅膀被取下之后经过一些处理，穿孔以后缝制在裙子上。有的人甚至直接用一整只虫子来做装饰，或整只缝制在衣服上，或做成胸针，等等。

纺织专家——蜘蛛

蜘蛛，是节肢动物分类中的螯肢动物（节肢动物主要分为三个门，分别是：螯肢动物，如蝎子；单肢动物，如昆虫；甲壳动物，如虾和蟹）。节肢动物是无脊椎动物中最大的一类，身体一般分为头部、胸部和腹部，表面有壳质的外骨骼，以此保护内部器官。

蜘蛛的一般身形是圆形或长圆形，身体主要分为两个部分——头胸和腹部。蜘蛛还长着触须，雄蜘蛛的触须内有精囊。

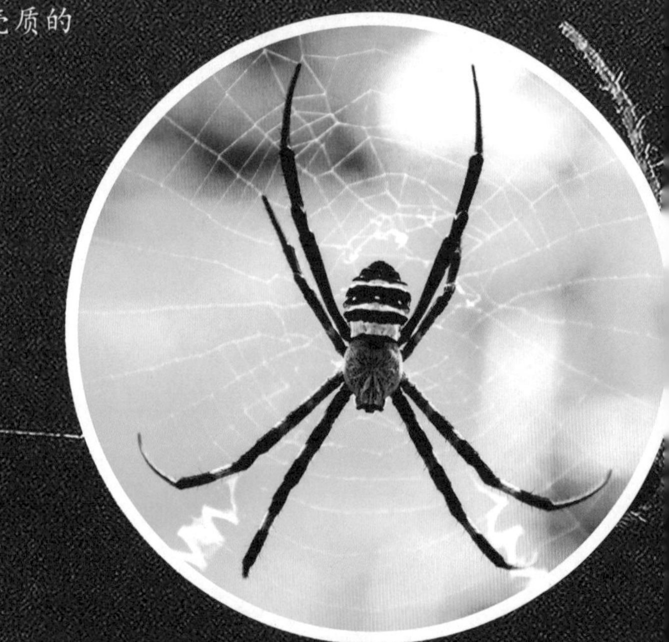

节肢动物里的纺织专家

蜘蛛网，就是蜘蛛的家和床。蜘蛛网的纹路十分井然有序，蛛丝之间相隔的距离、蛛丝织作的图样等都非常有艺术性。不过，也不是所有的蜘蛛都会结网。

那么，蜘蛛又是如何结网的呢？

我们来看看蜘蛛的长相。它有八条腿，还有一个大大的肚子。没错，那些丝线就藏在蜘蛛的肚子里。这并不是说蜘蛛的肚子里藏着一团线，

而是蜘蛛的腹部有个腺体，这种腺体可以分泌一种黏液，当这些黏液从蜘蛛屁股上的小孔排出来暴露在空气中的时候，就开始变硬，变硬的黏液就成了一种带黏性的丝线。蜘蛛有很多条腿，所以，它能同时做很多事，比如一双腿从自己的肚子里面牵扯出丝线，另一双腿就帮着把这些丝线连在一起“织”成蛛网的雏形，其他的腿则带动着身体往前走动。

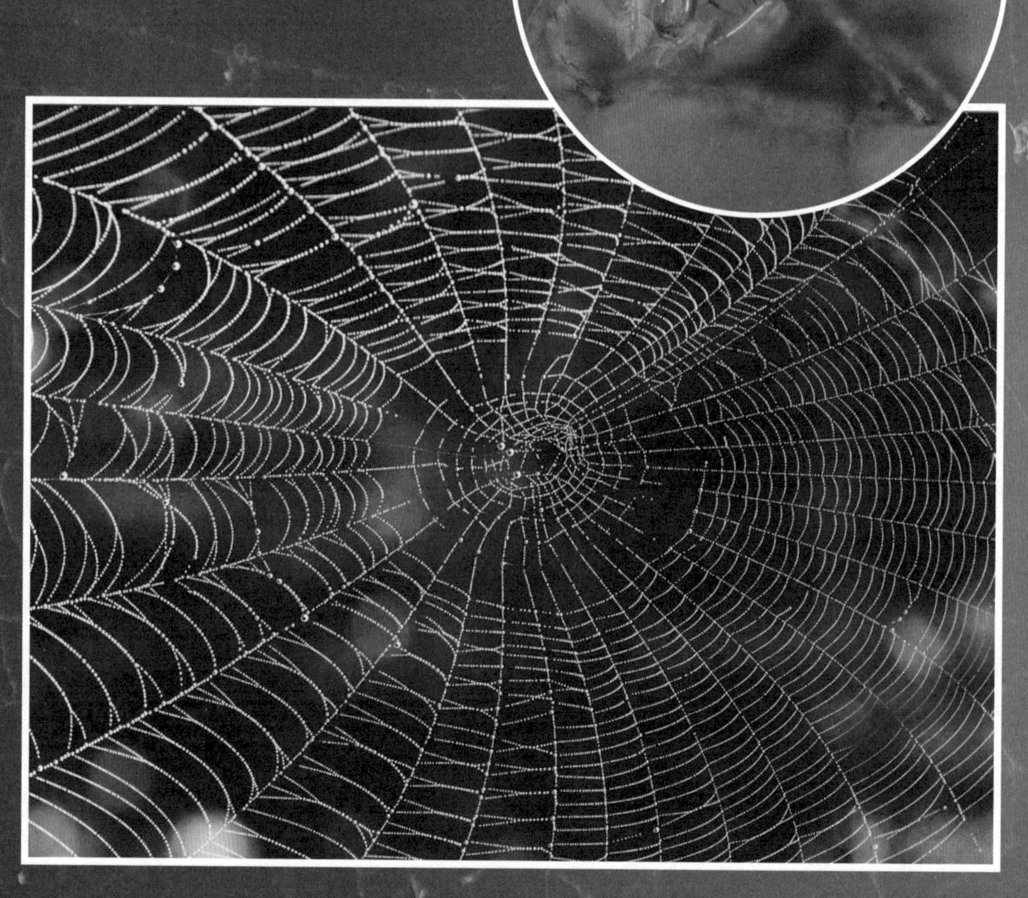

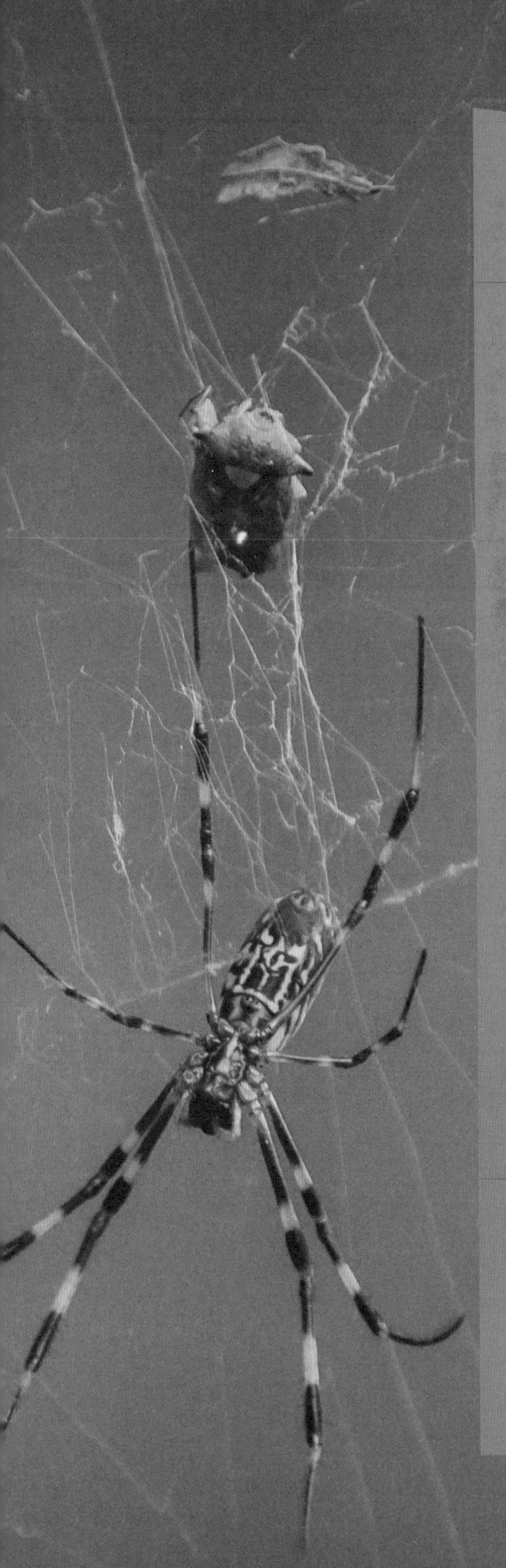

吃掉一个“木乃伊”

蜘蛛还是一个制作“木乃伊”的高手。当小飞虫粘在蛛网上，它挣扎的动作带来的波动就会传到蜘蛛那里。蜘蛛来到猎物身边，快速地抽出更多带有黏性的丝线，就像是卷毛线团一样把猎物卷起来，最后，猎物就被包裹在了茧子里面。这就是蜘蛛猎物专属的“木乃伊”。

蜘蛛怎么吃饭呢？有些蜘蛛长着一对“大獠牙”，这对“獠牙”就像蛇的毒牙一样能够释放毒液，而这种毒液能够产生麻痹作用。之后蜘蛛会给猎物“注射”一种消化液，让它的身体分解为汁液，最后，猎物就被蜘蛛吸光了。

生活在水里、花中的蜘蛛

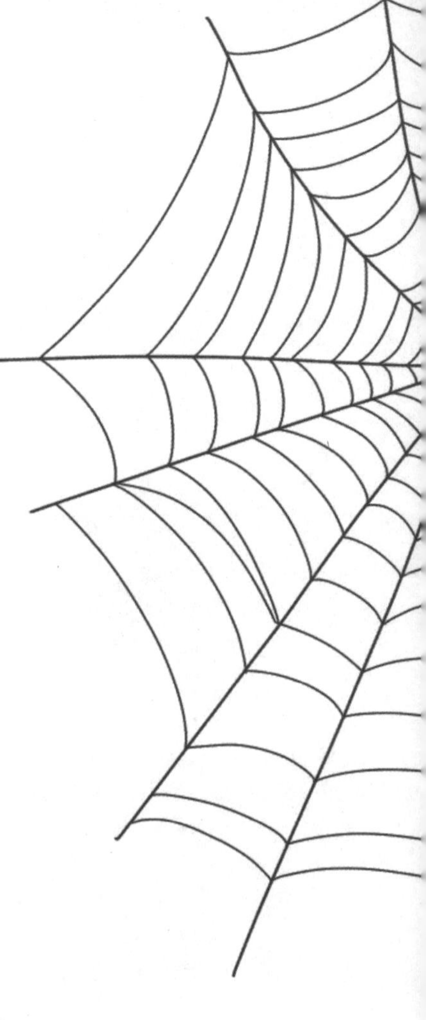

在蜘蛛家族中，有一种蜘蛛不是生活在陆地上，而是生活在水里，它就是水蛛。

水蛛喜欢相对平缓的清澈水域，虽然它生活在水里，但是，它并不像鱼类那样能直接在水中呼吸。那么，它是怎么生活在水中的呢？

原来，水蛛会用蛛丝制作出一个“罩子”，再通过腹部的绒毛将水面上的空气带入水中并注入到罩子里。这样，水蛛就可以在水中呼吸了。当罩子里的空气将要消耗殆尽时，水蛛又会出现在水面重新获取氧气。

除了生活在水里的蜘蛛，还有生活在花上的蜘蛛——蟹蛛科的大部分蜘蛛就生活在花上。

蟹蛛的得名，并不是因为它长得像螃蟹，而是因为它能够像螃蟹一样迅速地左右移动。

在蜘蛛家族中，蟹蛛的外观是比较漂亮的，颜色包括粉色、白色、黄色等，这样的颜色，让它们能够很好地躲藏在花朵中。蟹蛛并不织网，而是藏在花中捕食猎物。

无论是生活在陆地上的蜘蛛，还是水中、花里的蜘蛛，它们身上都还有更多有趣的秘密等待大家去探索。

图书在版编目（CIP）数据

大怪兽和小虫虫 /《让孩子看懂世界》编写组编著.
—北京：石油工业出版社，2023.2
（让孩子看懂世界的动物故事）
ISBN 978-7-5183-5614-0

Ⅰ.①大… Ⅱ.①让… Ⅲ.①动物—青少年读物
Ⅳ.①Q95-49

中国版本图书馆CIP数据核字（2022）第175098号

大怪兽和小虫虫
《让孩子看懂世界》编写组　编著

出版发行：石油工业出版社
（北京市朝阳区安华里2区1号楼　100011）
网　　址：www. petropub. com
编 辑 部：（010）64523616　64523609
图书营销中心：（010）64523633
经　　销：全国新华书店
印　　刷：三河市嘉科万达彩色印刷有限公司

2023年2月第1版　　2023年2月第1次印刷
787毫米×1092毫米　　开本：1/16　　印张：4
字数：35千字

定价：32.00元

（如发现印装质量问题，我社图书营销中心负责调换）